Einfache Experimente

Licht und Schatten

spielend lernen

BARBARA TAYLOR

SÜDWEST

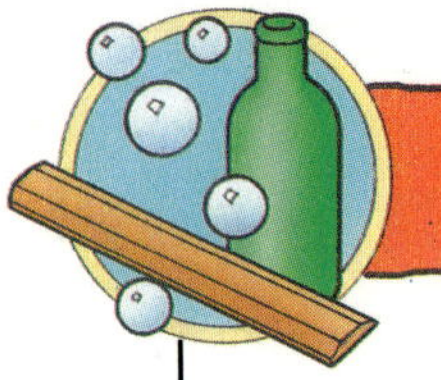

Schatten und Spiegelungen

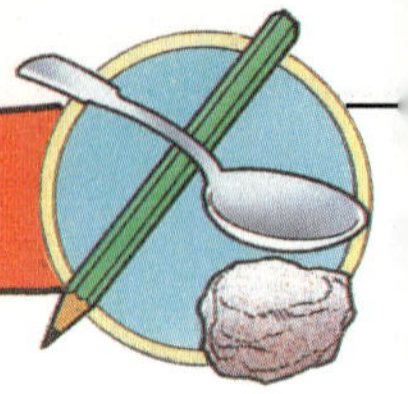

Mit diesem Buch kann man entdecken, wie und warum sich Schatten bilden. Gleichzeitig betrachten wir, wie das Licht von gewissen Materialien zurückgeworfen wird. In diesem Zusammenhang spricht man von Spiegelungen.

Das Buch ist in fünf Kapitel unterteilt. Den Anfang jedes neuen Kapitels erkennst du an der großen Überschrift, die von zwei Kreisen eingefaßt wird – wie hier oben auf dieser Seite. Damit weißt du, wo ein neues Kapitel beginnt.

Seiten 4–11

Licht und Schatten

Durchsichtige, durchscheinende und undurchsichtige Stoffe. Wie sich Licht ausbreitet. Schattenformen, Schattenrisse.

Seiten 12–17

Große Schatten, kleine Schatten

Die Größe des Schattens. Schatten während des Tages oder während des Jahres. Sonnenfinsternisse, Sonnenuhren.

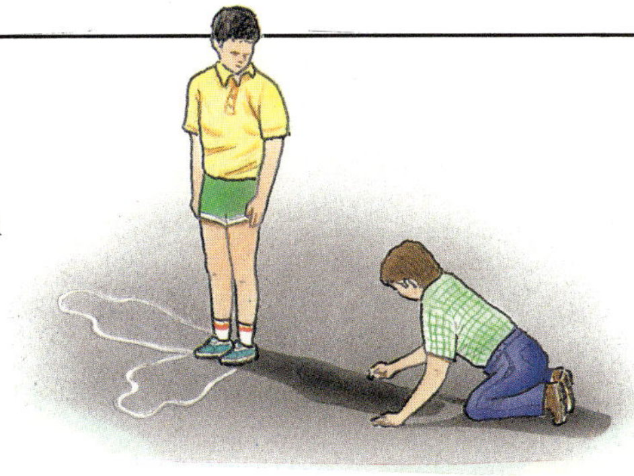

Seiten 18–27

Wir sehen unser Spiegelbild

Reflexionen, Spiegelschrift, Symmetrien.

Seiten 28–37

Zurückgeworfenes Licht

Periskope, Kaleidoskope

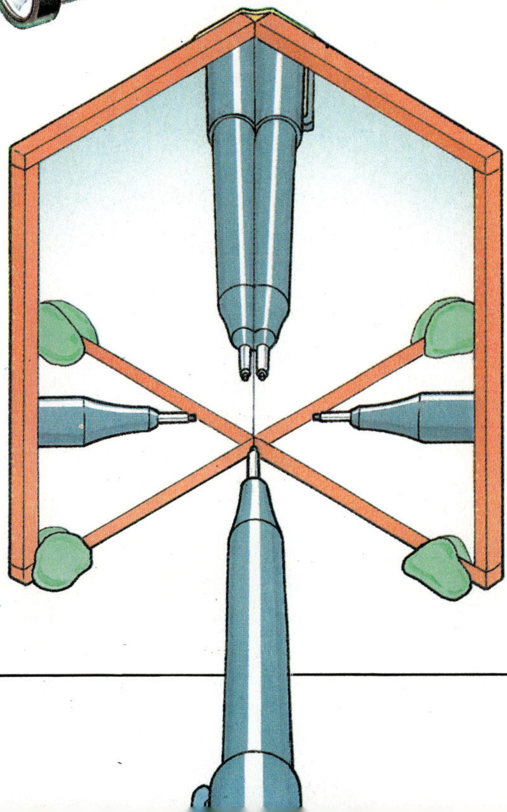

Seiten 38–39

Gekrümmte Spiegel

Spiegelungen an Löffeln, Zerrspiegel auf dem Jahrmarkt.

Licht und Schatten

Lege eine Sammlung von Gegenständen an, wie sie oben und unten auf dieser Doppelseite zu sehen sind. Richte in einem dunklen Raum den Strahl einer Taschenlampe auf sie. Welche Gegenstände lassen das Licht hindurch? Welche Gegenstände sind undurchsichtig?

Einige Stoffe lassen das Licht geradewegs hindurch. Man kann durch solche Stoffe hindurchsehen. Wir nennen sie *durchsichtig*. Klares Glas und sauberes Wasser sind durchsichtig.

Einige Stoffe lassen das Licht hindurch, zerstreuen es aber. Wenn man durch solche Stoffe hindurchblickt, sieht man alles sehr verschwommen. Solche Stoffe bezeichnen wir als *durchscheinend*. Milchglas und Transparentpapier sind durchscheinend.

Die meisten Gegenstände lassen jedoch keinerlei Licht hindurch. Man kann durch diese Dinge nicht hindurchsehen. Wir nennen sie *undurchsichtig* oder *opak*. Unser Körper ist opak, ebenso wie dieses Buch.

Auf diesem Bild sind ein durchsichtiger, ein durchscheinender und ein undurchsichtiger Stoff abgebildet. Kannst du sie finden?

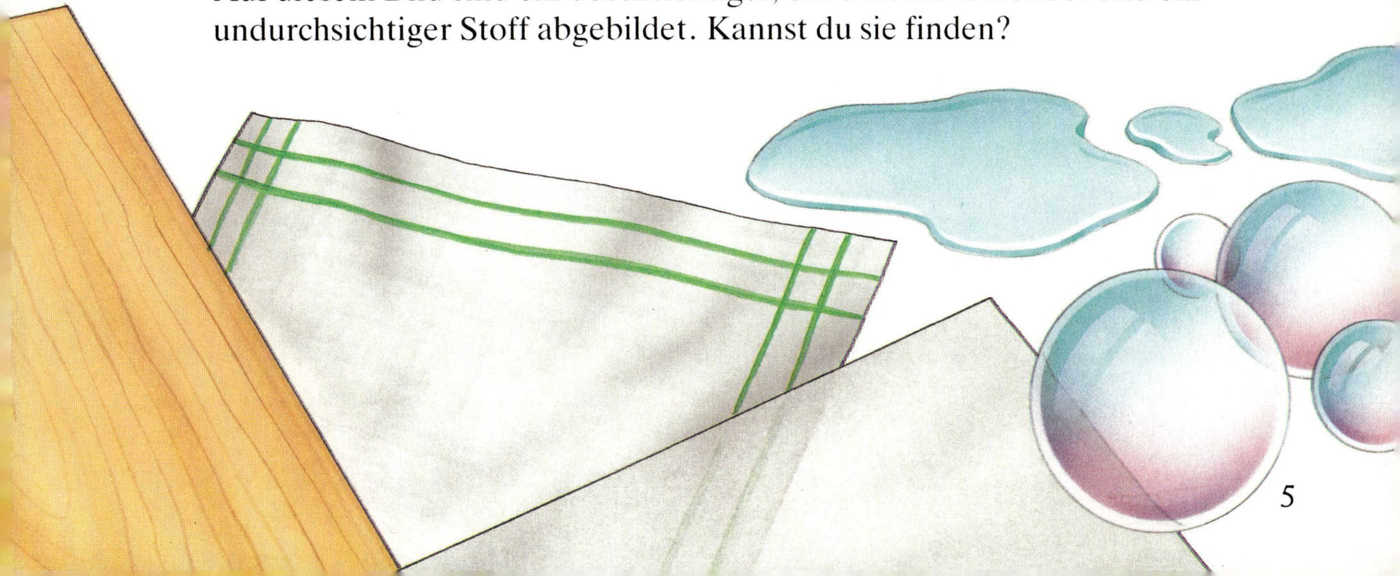

Immer geradeaus

Wenn Licht auf einen undurchsichtigen Gegenstand trifft, bildet sich dahinter ein dunkler Bereich. Wir nennen ihn Schatten! Warum umströmt das Licht den Gegenstand nicht?

1. Schneide zwei quadratische Kartonstücke mit einer Seitenlänge von 20 cm aus.
2. Verbinde jeweils die beiden gegenüberliegenden Ecken. Der Mittelpunkt liegt dort, wo sich die Linien schneiden.
3. Schneide ein Loch in die Mitte jedes Kartons.
4. Mit Modelliermasse fixierst du die Kartons senkrecht und in einem Abstand von ungefähr 30 cm. Damit

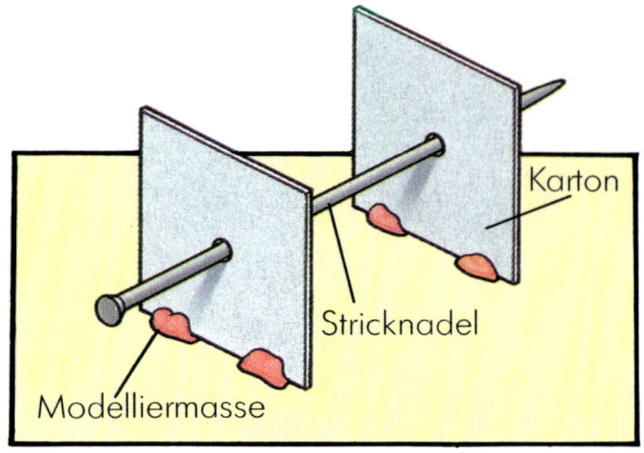

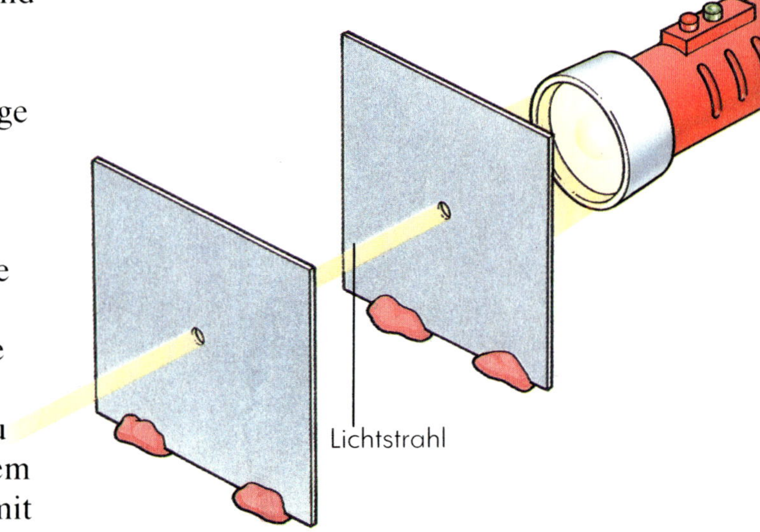

Wir bauen eine Lochkamera

Um herauszufinden, wie sich Licht ausbreitet, bauen wir diese Lochkamera.

Material:
Eine leere Schachtel, dickes braunes Packpapier, Transparent- oder Pauspapier, Nadel, Schere, Klebeband, schwarze Farbe, ein dunkles Stück Tuch.

1. Hebe den Schachteldeckel ab und schneide den Boden weg.
2. Bemale das Innere der Schachtel schwarz.
3. Über die eine Öffnung der Schachtel klebst du braunes Papier.

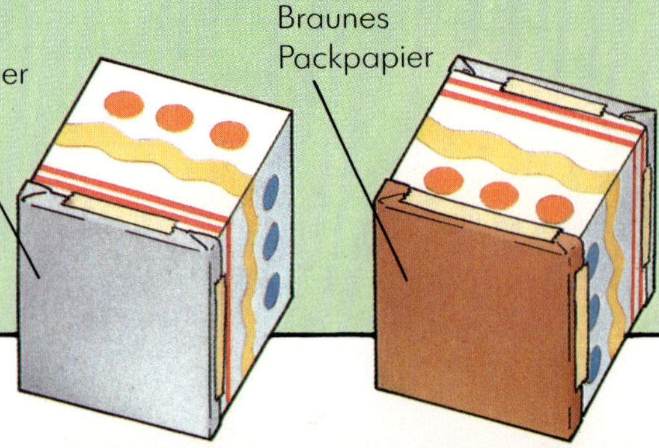

die Löcher in einer geraden Linie liegen, steckst du eine Stricknadel hindurch.

5. In einem abgedunkelten Raum soll jemand das Licht einer Taschenlampe auf das erste Loch richten.

6. Verschiebe nun den zweiten Karton, so daß die Löcher nicht mehr genau in der Linie des Lichtstrahls liegen. Was geschieht dann?

Was wirklich geschieht
Licht pflanzt sich geradlinig fort und kann sich nicht krümmen. Wenn wir den zweiten Karton bewegen, fällt das Licht nicht mehr durch das zweite Loch.

▲ Kannst du auf diesem Bild erkennen, wie das Sonnenlicht geradlinig einfällt?

4. Über das andere Ende der Schachtel klebst du Transparent- oder Pauspapier.

5. Mit der Nadel machst du ein kleines rundes Loch in der Mitte des braunen Papiers.

6. Lege ein Tuch über deinen Kopf und die Öffnung der Schachtel mit dem Pauspapier.

7. Richte die Kamera auf ein Fenster und blicke in einer Entfernung von ungefähr 15 cm auf das Pauspapier. Nun solltest du ein kopfstehendes Fenster sehen.

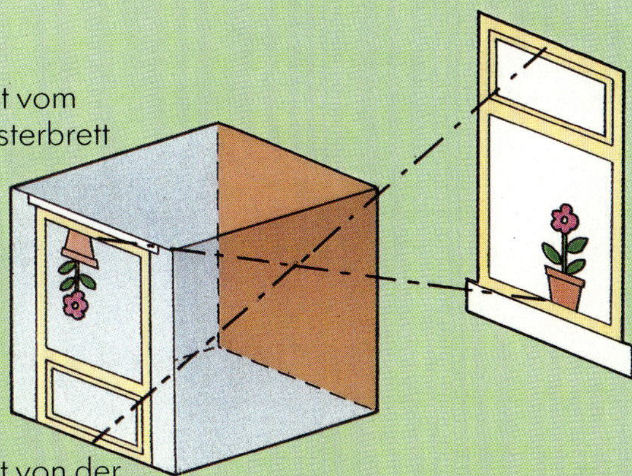

Was wirklich geschieht
Licht von der Oberkante des Fensters zieht in gerader Linie durch das Loch und wird an der Unterkante des Pauspapiers sichtbar. Licht vom Fensterbrett zieht durch das Loch in die Nähe der Oberkante des Pauspapiers. Deswegen steht das Bild kopf.

Schattenfiguren

Suche dir einige kleine Gegenstände und beobachte, welche Schatten sie werfen.
Ein Schatten zeigt die gleichen Formen wie die Umrisse eines Gegenstandes. Man kann sie nur insofern verändern, als man die Gegenstände in der Richtung zum einfallenden Licht hin bewegt.

Wir machen mit einem Gegenstand, der ein Loch in der Mitte aufweist, einen Schatten.
Kann man beim Schatten das Loch zum Verschwinden bringen?
Wirf auch Schatten auf unterschiedliche Oberflächen, etwa Holz, Gras oder die Treppe. Wie verändern sich die Schatten?
Ein Freund soll nur die Schatten einiger Gegenstände betrachten und erraten, worum es sich handelt. Drehe die Gegenstände so, daß sie schwer zu erkennen sind.

Schattenporträts

1. Bitte einen Freund, sich nahe an eine Wand so hinzusetzen, wie in der Abbildung angegeben.
2. Hinter dem Kopf des Freundes befestigst du auf der Wand ein Blatt Papier mit Klebestreifen.
3. Richte in einem abgedunkelten Raum das Licht einer Taschenlampe auf den Freund, so daß sein Schatten auf der Wand erscheint.
4. Die Kopfumrisse zeichnest du mit einem Bleistift auf.
5. Nun kannst du das Innere des Kopfes ausmalen.

Schattenrisse von Tieren

Mit den Händen können wir die Umrisse von Tieren als Schatten an die Wand werfen. Im Bild unten siehst du einige Vorschläge. Findest du weitere Möglichkeiten heraus?

Schattenspiele

Kannst du deinen eigenen Schatten verbergen? Oder dich von deinem Schatten entfernen?

Kannst du im Schattenbild jemandem die Hand schütteln, ohne daß sich eure Hände wirklich berühren?

Den eigenen Schatten verbergen

Über seinen eigenen Schatten springen

Hände schütteln

Kannst du den Schatten deines Freundes einfangen? Wenn er sich im Schatten eines Baumes oder eines Gebäudes aufhält, so ist er im Sicheren und du kannst ihm nichts anhaben. Im Sonnenlicht versuchst du hingegen, einen Fuß auf seinen Schatten zu stellen. Dann ist er an der Reihe.

Kannst du es so einrichten, daß dein Schatten eine Baumkrone berührt? Oder daß er an Stellen gelangt, an die man sonst nicht so leicht kommt?

Kannst du auf den Schatten deines Freundes springen?

Findest du Platz im Schatten deines Freundes?

Große und kleine Schatten

Schneide aus Karton einen Stern aus und befestige ihn mit Modelliermasse an einem Stab. Mach ein großes weißes Stück Papier an einem Bücherregal fest. Verdunkle den Raum und richte das Licht einer Taschenlampe auf den Stern.

Halte den Stern nahe an die Taschenlampe. Wie groß wird der Schatten?

Bewege nun den Stern von der Taschenlampe weg. Was geschieht mit dem Schatten? Wird er größer oder kleiner? Wie verändert sich die Größe des Schattens, wenn du statt des Sterns die Taschenlampe bewegst?

Was wirklich geschieht
Wenn der Stern nahe an der Taschenlampe ist, nimmt er viel Licht auf, so daß der Schatten an der Wand groß erscheint. Ist der Stern weiter weg von der Lichtquelle, so blockiert er weniger Licht, und der Schatten wird kleiner.

Lange und kurze Schatten

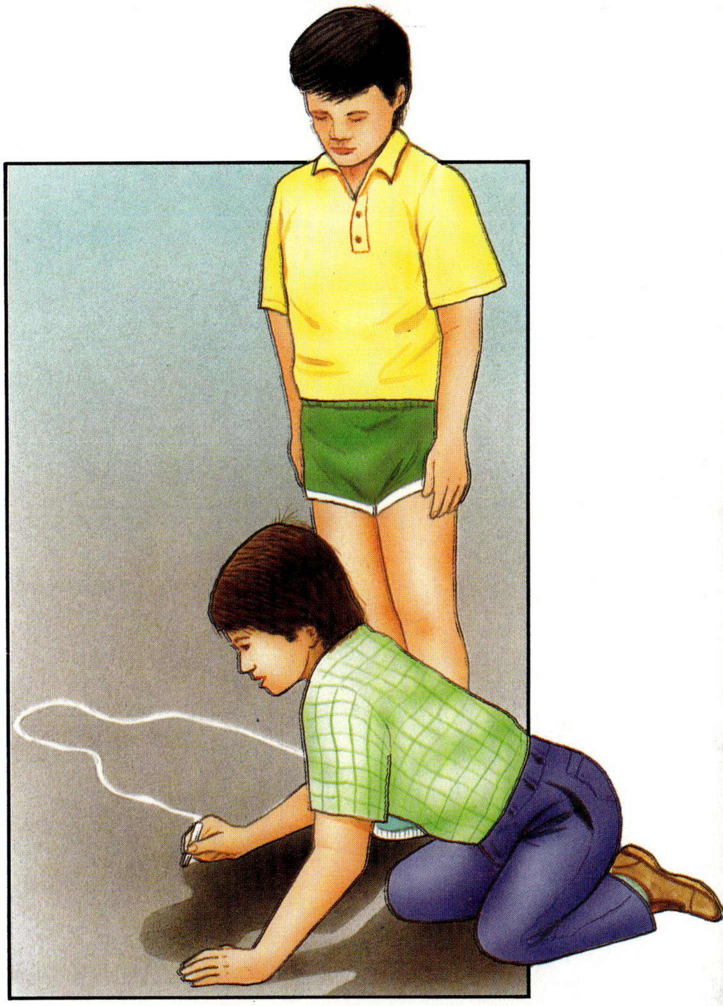

An einem sonnigen Tag suchen wir uns einen sicheren Platz auf Asphalt oder Beton – natürlich nicht auf der Straße. Auf einem solchen glatten Platz kannst du die Schattenumrisse im Tagesverlauf aufzeichnen. Ein Freund stellt sich am frühen Morgen, am Mittag und am späten Nachmittag auf genau dieselbe Stelle. Du zeichnest mit Kreide seinen Schattenumriß. Dann wechselt ihr die Rollen. Miß die Schattenlänge von Kopf bis Fuß. Wie verändert sie sich im Verlauf des Tages? In welche Richtungen zeigen die Schatten zu unterschiedlichen Tageszeiten – nach Norden, Süden, Osten oder Westen?

Vergleicht eure Schatten an einem Sommertag mit denen eines Wintertages. Wie unterscheiden sie sich?

Was wirklich geschieht
Am frühen Morgen und am späten Nachmittag steht die Sonne tief am Himmel und wirft lange Schatten. Zur Mittagszeit ist der Sonnenstand am höchsten. Deswegen sind die Schatten dann am kürzesten. Im Winter steht die Sonne ganz allgemein tiefer am Himmel als im Sommer. Winterschatten sind also länger als Sommerschatten.

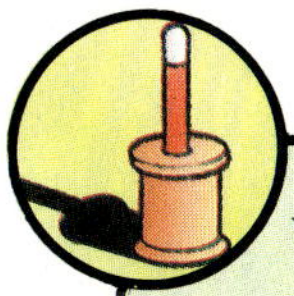

Wir bauen eine Sonnenuhr

Material:
Bleistift, Leim oder Modelliermasse, Blatt Papier.

Mit Hilfe von Schatten kann man die Zeit bestimmen. Die Uhr, die wir bauen, heißt allerdings nicht Schattenuhr, sondern Sonnenuhr.

1. Stecke einen Bleistift oder einen kurzen Stab in eine Fadenspule.
2. Mit Leim oder Modelliermasse befestigst du die Garnspule auf einem großen Stück weißem Papier.
3. An einem sonnigen Tag stellst du die Sonnenuhr ins Freie.
4. Ziehe eine Linie um den Schatten, den der Stift wirft, und schreibe dazu die Uhrzeit.
5. Dasselbe wiederholst du jede Viertelstunde.

◀ Diese Sonnenuhr wurde vor mehr als 3000 Jahren erfunden, also lange Zeit bevor es die ersten mechanischen Uhren gab.

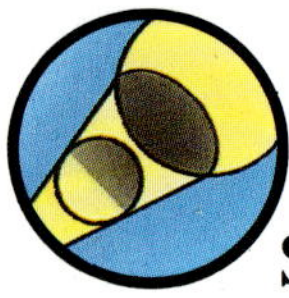

Schatten im Weltraum

Der Mond sendet kein eigenes Licht aus. Er scheint nur, weil er Licht von der Sonne zurückwirft. Bisweilen steht die Erde in gerader Linie zwischen Mond und Sonne. Die Erde wirft dabei einen Schatten, der den Mond verdunkelt. Das ist eine Mondfinsternis.

Bei einer Sonnenfinsternis befindet sich dagegen der Mond zwischen Erde und Sonne: Ein großer Ball stellt die Erde, ein kleiner Ball den Mond dar. Als Sonne verwendest du eine Taschenlampe. Den »Mond« befestigst du mit einem Klebestreifen an einer Schnur und läßt ihn zwischen Lampe und »Erde« herunterhängen. Er wirft einen Schatten auf die Erde und erzeugt damit eine Sonnenfinsternis.

Wie ist es möglich, daß die »Erde« einen Schatten auf den »Mond« wirft? Was geschieht, wenn wir den »Mond« in einer kreisförmigen Bahn um die »Erde« bewegen?

▲ Diese Fotografie zeigt, wie die Sonne aussieht, wenn der Mond vor ihr vorbeizieht. Er hindert Sonnenlicht daran, auf die Erde zu fallen. Dadurch werden einige Teile der Erde tagsüber verdunkelt. Wir bezeichnen diese Erscheinung als Sonnenfinsternis.
Damit es zu einer Sonnenfinsternis kommt, müssen der Mond, die Sonne und die Erde auf einer geraden Linie liegen. Dies geschieht nicht allzu häufig. Warum können Sonnenfinsternisse nur bei Neumond entstehen?

Unser Spiegelbild

Spiegelbilder und spiegelnde Stoffe

Wie viele Gegenstände gibt es, in denen du dein Spiegelbild sehen kannst? Achte darauf, wo du überall dein Spiegelbild entdecken kannst, zum Beispiel auf Schaufensterscheiben, Gebäuden und Motorhauben von Autos? Siehst du dein Spiegelbild auch im Wasser? Was geschieht mit dem Spiegelbild, wenn sich die Wasseroberfläche bewegt?
Richte in einem verdunkelten Raum das Licht einer Taschenlampe auf unterschiedliche Stoffe wie Alufolie, Ziegelstein, Holz, Kunststoff, Stoff und Metall. Welche Materialien reflektieren am besten?

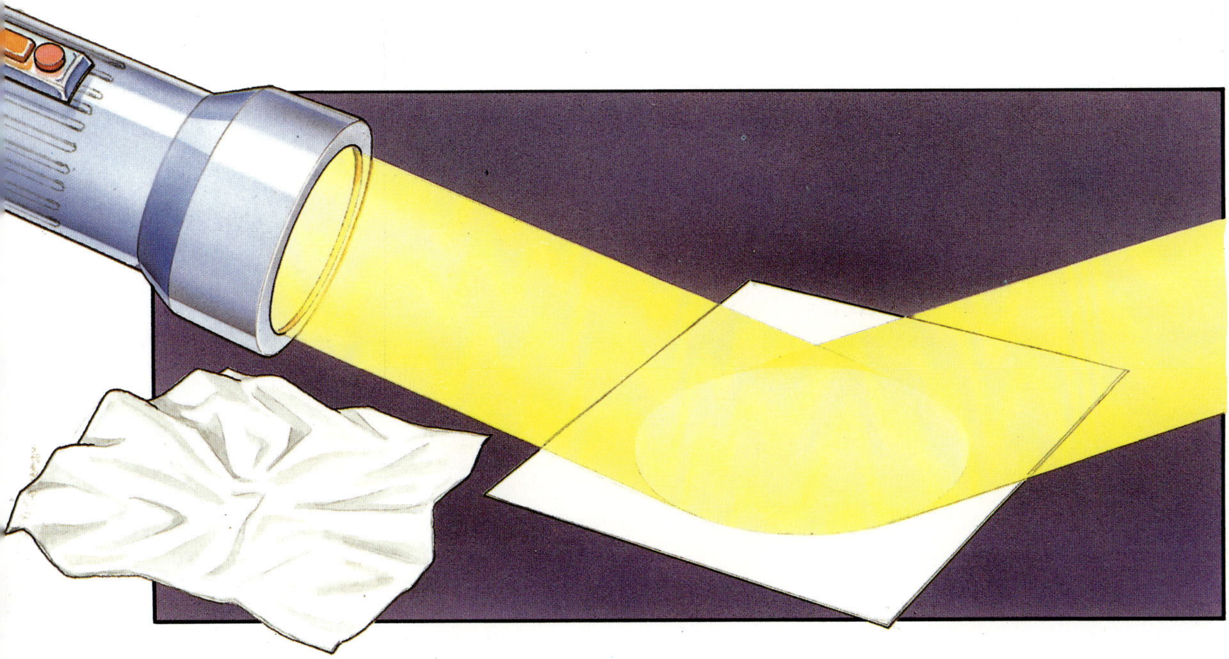

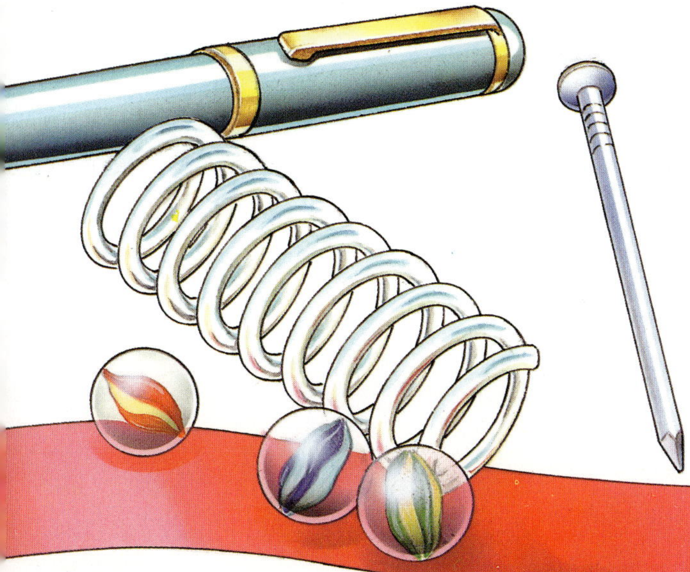

Vergleiche ein glattes Stück Alufolie mit einem zerknitterten. Kannst du dein Gesicht auf beiden gleichermaßen gut erkennen?

Lege dir eine Sammlung von Gegenständen mit glänzender Oberfläche an. Sortiere sie nach den Materialien, aus denen sie bestehen, zum Beispiel in Metalle und Nichtmetalle.

Spieglein, Spieglein an der Wand

Glatte, glänzende Oberflächen werfen das Licht am besten zurück. Aus diesem Grunde bestehen Spiegel aus Flachglas mit einer dünnen Metallschicht dahinter, zum Beispiel aus Silber oder Aluminium.

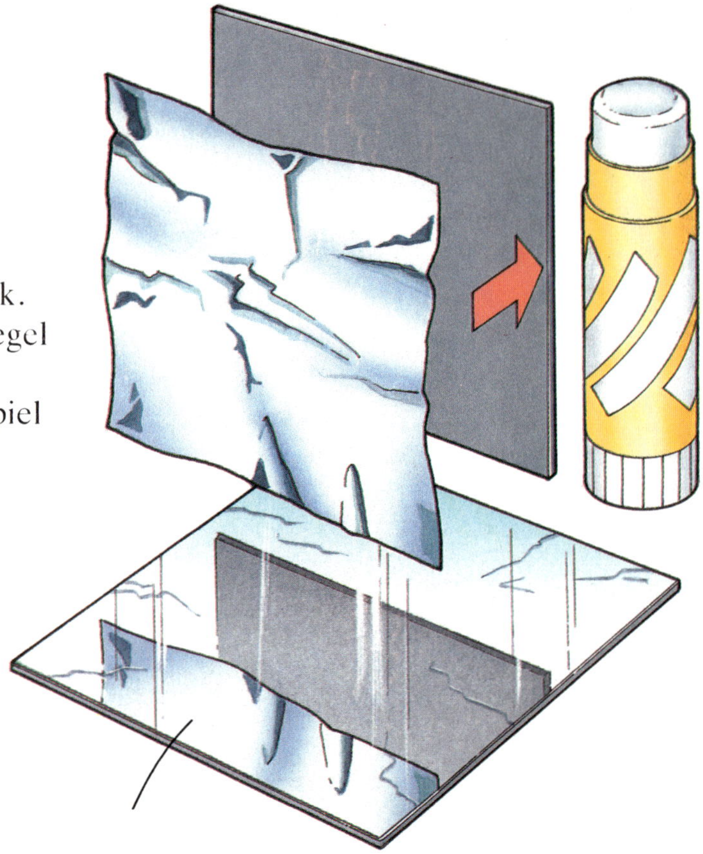

Wir können uns einen eigenen Spiegel herstellen. Dazu klebst du ein Stück Alufolie auf einen dünnen Karton. Die Folie sollte möglichst glatt aufliegen und keine Falten bilden. Was siehst du in diesem Spiegel? Ist er so gut wie ein richtiger Spiegel? Wie unterscheidet sich das Bild?

Wie viele verschiedene Spiegel kannst du zu Hause, in der Schule, auf der Straße oder in den Geschäften finden? Welche Formen und Größen haben sie? Wozu werden sie verwendet?

▶ Tänzer und Schauspieler benötigen Spiegel, um sich kunstvoll zu schminken.

Ein Blick in den Spiegel

Betrachte dein Spiegelbild. Macht es genau dasselbe, was du machst? Berühre dazu dein rechtes Ohr. Welches Ohr berührt dein Spiegelbild?

Das Spiegelbild berührt offensichtlich das linke Ohr. Wir sagen: Das Spiegelbild ist seitenverkehrt. Du siehst dich darin nicht so, wie du andere Menschen siehst.

Das Spiegelbild scheint nicht von der Spiegeloberfläche zu kommen, sondern von einem dahintergelegenen Punkt. Versuche die Entfernung zwischen dir und dem Spiegel zu messen. Du wirst herausfinden, daß das Spiegelbild scheinbar denselben Abstand vom Spiegel hat wie du.

Ein Spiegellabyrinth

Mehr Vertrautheit mit dem Spiegelbild gewinnst du mit dem folgenden Spiel, das zusammen mit Freunden am meisten Spaß macht.

1. Zeichne die Umrisse eines großen Sterns auf ein Stück Papier.
2. Zeichne in wenigen Millimetern Entfernung davon einen zweiten größeren Stern.
3. Verwende einige Bücher als Stütze für einen Spiegel. Ein Freund kann ihn auch halten.
4. Stelle ein großes Buch senkrecht vor dir auf, so daß du nur das Spiegelbild im Spiegel, nicht aber die Zeichnung siehst.
5. Schaue nun in den Spiegel, während du zwischen den beiden Umrissen des Sterns eine dritte Linie zu ziehen versuchst, ohne die beiden ersten dabei zu berühren.
6. In welcher Zeit gelingt dir das? Wer hält den Rekord unter den Freunden? Wer eine der beiden Linien berührt, muß wieder von vorne anfangen.

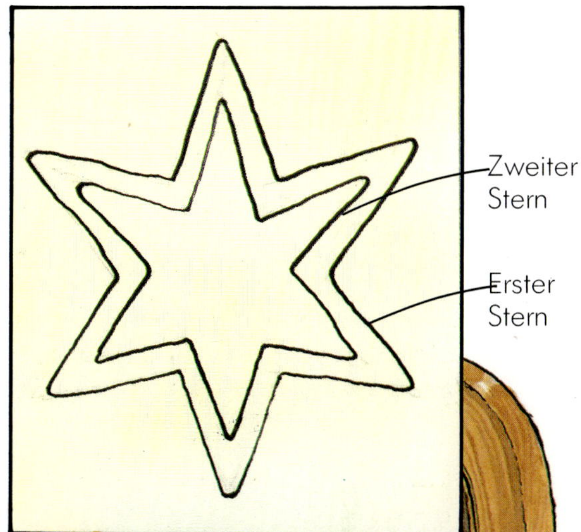

Spiegelschrift

Schreibe deinen Namen in Großbuchstaben auf ein Stück Papier. Halte das Papier vor einen Spiegel. Kannst du deinen Namen erkennen und lesen? Was ist mit den Buchstaben geschehen?

In England tragen viele Ambulanzen das Wort »Ambulance« in Spiegelschrift auf der Außenseite. Das kann man auch in Italien beobachten. Wenn andere Autofahrer in ihren Rückspiegel blicken, sehen sie dieses Wort in richtiger Schrift und können der Ambulanz Platz machen.
Stell dich vor einen Spiegel, halte dieses Buch hinter deinen Kopf und versuche das Wort im Spiegel zu lesen. Zeigt es sich in normaler Schrift?

Ein Geheimcode

Mit einem Spiegel kannst du einen eigenen Geheimcode erfinden. Nur wer weiß, wie es geht, und einen Spiegel hat, kann deine Botschaft entschlüsseln.

Der Trick besteht darin, daß du deine Botschaft hinschreibst, während du ausschließlich in den Spiegel siehst. Schreibe jeden Buchstaben ganz langsam, so daß er im Spiegel ganz richtig aussieht. Dabei darfst du keineswegs auf das Stück Papier blicken.

Wenn du die Botschaft niedergeschrieben hast, wird sie auf dem Stück Papier sehr merkwürdig aussehen, eben spiegelbildlich. Einige Buchstaben allerdings sehen gleich aus. Welche sind es?
Übrigens schrieb Leonardo da Vinci seine Notizen in Spiegelschrift.

Spiegel-Quiz

Manche Gegenstände kann man durch eine gedachte Linie in zwei identische Teile teilen. Solche Gegenstände bezeichnen wir als symmetrisch. Es gibt einen einfachen Weg, um herauszufinden, ob ein Gegenstand symmetrisch aufgebaut ist: Lege einen Spiegel an die gedachte Trennlinie. Sieht der Gegenstand im Spiegel dann genau gleich aus, so ist er symmetrisch aufgebaut.

Ein Schmetterling ist symmetrisch

Rate erst, ob die unten abgebildeten Gegenstände symmetrisch sind. Übersprüfe dann deine Vermutungen, indem du einen Spiegel gegen jedes Bild hältst.

Merkwürdige Gesichter

Ist dein Gesicht symmetrisch? Hole eine Fotografie von dir heraus, auf der das ganze Gesicht von vorne abgebildet ist. Nun hältst du einen Spiegel in der Mitte des Gesichts hin. Betrachte auf diese Weise beide Gesichtshälften. Sind sie identisch oder sieht dein Gesicht irgendwie komisch aus?

Symmetrische Kleckserei

Um ein symmetrisches Gemälde zu erhalten, brauchen wir: Zeitungen, weißes Papier, Wasserfarben, Pinsel, Schürze.

1. Ziehe dir eine Schürze an und lege Zeitungspapier auf dem Tisch oder dem Boden aus.
2. Rühre einige Farben verhältnismäßig dünn an.
3. Falte das Papier in der Mitte und öffne es wieder.
4. Bringe auf der einen Seite Farbkleckse an.
5. Falte das Papier und presse die beiden Hälften zusammen.

Was wirklich geschieht

Wenn wir das Papier öffnen, erhalten wir ein symmetrisches Gemälde, weil die beiden Papierhälften gleichmäßig eingefärbt wurden.

Licht wird zurückgeworfen

Spiegelungen kommen dadurch zustande, daß das Licht von Gegenständen zurückgeworfen wird. Wenn dieses reflektierte Licht in unsere Augen gelangt, sehen wir etwas.

Wir fangen Licht ein

Mit einem kleinen Handspiegel wirfst du das Licht der Sonne oder einer starken Lampe auf eine Wand. Wenn du den Spiegel etwas drehst, wird sich auch der Lichtfleck bewegen. Bitte einen Freund, er solle einen weiteren Lichtfleck auf der Wand erzeugen. Könnt ihr die beiden Lichtflecke zur Deckung bringen?

Reflexion

Wenn Licht auf eine glatte Oberfläche trifft, wird es stets in einem bestimmten Winkel zurückgeworfen. Wir nennen das Reflexion.

Material: Ein großer Spiegel, zwei Kartonröhren, eine Taschenlampe, einige Bücher.

1. Den Spiegel lehnst du schräg an einen Bücherstapel.
2. Die eine Kartonröhre hältst du in einem schrägen Winkel so, daß ein Ende den Spiegel berührt.
3. Bitte einen Freund, die zweite Röhre in entsprechendem Winkel an den Spiegel zu halten.
4. Beleuchte die eine Röhre mit einer Taschenlampe.

Was wirklich geschieht

Wenn die Kartonröhren den richtigen Winkel einnehmen, wird das Licht am Spiegel zurückgeworfen und tritt bei der zweiten Kartonröhre wieder aus. Halte die Hand nahe an das eine Ende der Kartonröhre, und du wirst einen runden Fleck reflektierten Lichts beobachten.
Auf rauhen Oberflächen wird das Licht nicht so schön reflektiert. Vielmehr wird es in alle möglichen Richtungen zurückgeworfen.

▲ Diese Spiegelwände werfen die Sonnenstrahlen auf einen Turm, den *Sonnenkollektor.* Auf diese Weise trifft eine große Menge der Sonnenenergie auf einen Ort. Die Spiegelwände sind beweglich und folgen dem Tageslauf der Sonne. Die Sonnenenergie kann zur Stromerzeugung genutzt werden, mit ihr können Gebäude erhitzt oder gekühlt und kleinere Geräte wie Uhren und Taschenrechner angetrieben werden. Sie verursacht keine Umweltverschmutzung und hilft, wichtige Rohstoffe der Erde zu sparen.

Ein (fast) durchsichtiger Ziegel

Gelingt es uns, Licht durch einen Ziegel hindurchscheinen zu lassen?

Material: Ziegel, Taschenlampe, ein Stück Karton, vier kleine Handspiegel, Modelliermasse, Schere

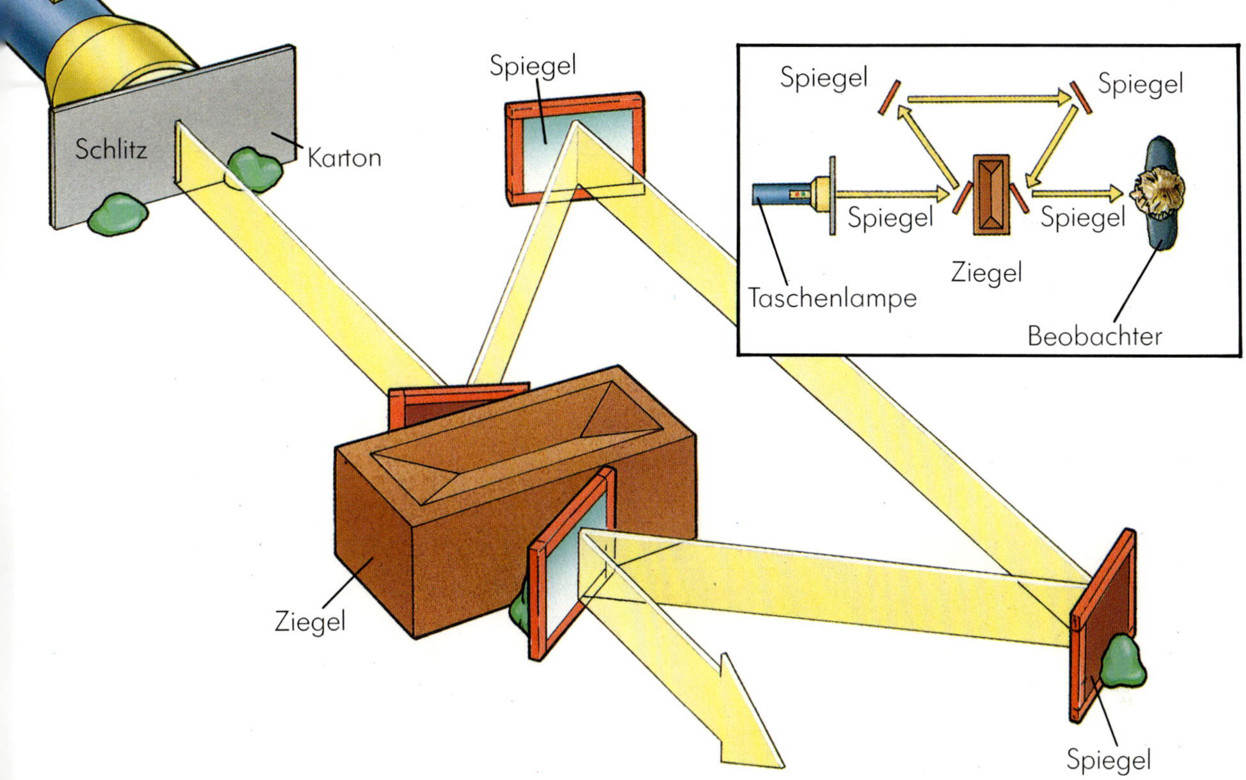

1. Schneide in den Karton einen ungefähr 6 cm langen Schlitz.
2. Mit Modelliermasse bringst du den Karton zum Stehen.
3. Lege den Ziegel in einiger Entfernung vom Karton hin.
4. Mit Modelliermasse stellst du die Spiegel so auf wie in der Abbildung angegeben.
5. In einem abgedunkelten Raum machst du die Taschenlampe an, so daß Licht durch den Schlitz hindurchtritt. Der Stand der Spiegel muß dann noch fein eingestellt werden.

Was wirklich geschieht

Das Licht wird von den Spiegeln mehrfach zurückgeworfen und sieht am Ende so aus, als würde es den Ziegel direkt durchqueren.

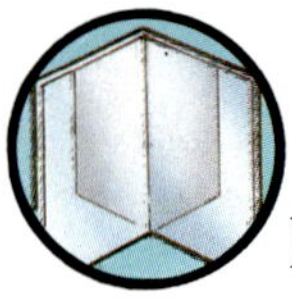

Immer mehr Spiegelbilder

Wenn man zwei Spiegel in einem Winkel gegeneinanderhält, so wird das Licht von ihnen mehrfach gebrochen. Das bedeutet, daß wir mehr als ein Spiegelbild von Gegenständen sehen können.

Verbinde zwei Spiegel an ihren Längsseiten durch Klebeband. Mit Modelliermasse stellst du sie so auf, daß sie einen weiten Winkel bilden. Jetzt stellst du einen kleinen Gegenstand vor den Spiegeln auf. Wie viele Spiegelbilder sehen wir?

Nun verkleinerst du den Winkel zwischen den Spiegeln, indem du sie aufeinander zubewegst. Wie viele Spiegelbilder siehst du jetzt?

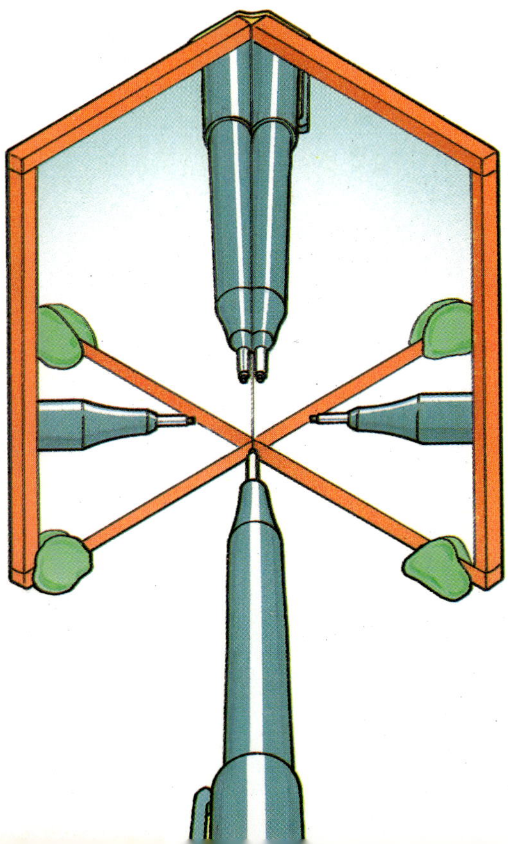

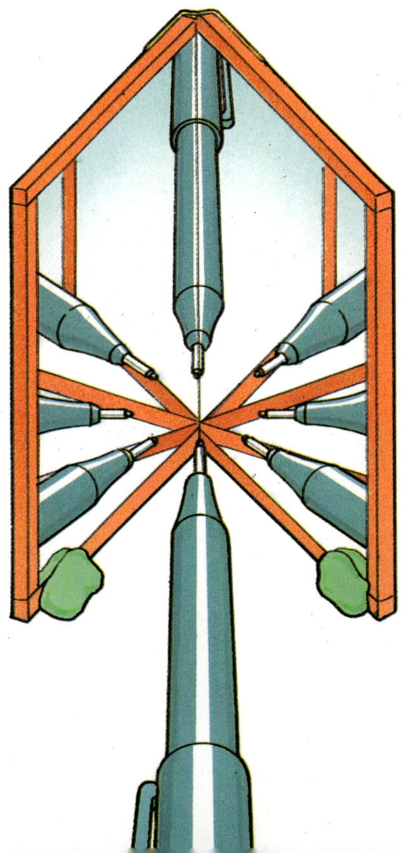

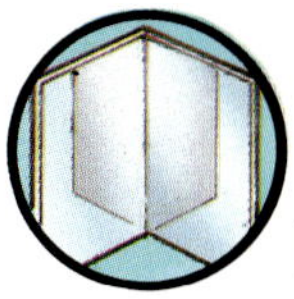

Dein zweites Gesicht

Mit Hilfe zweier Spiegel kannst du dich so sehen, wie andere Menschen dich sehen (siehe Seite 22). Damit du auch erkennst, wie dies funktioniert, mußt du eine Gesichtshälfte anders aussehen lassen als die andere. Dazu nimmst du Schminkstifte oder Gesichtsfarben.

Schaue in einen Spiegel und merke dir, wo sich deine bemalte Gesichtshälfte im Spiegel befindet. Dann halte zwei Spiegel so, daß sie zusammen einen Winkel bilden. Bewege sie so lange, bis du dein ganzes Gesicht an der Verbindungsstelle beider Spiegel sehen kannst. Die bemalte Gesichtshälfte wird nun auf der anderen Seite des Spiegelbildes sein.

Was wirklich geschieht
Bei einem bestimmten Winkel wird das Spiegelbild deiner linken Gesichtshälfte auf den rechten Spiegel geworfen. Entsprechendes gilt für die rechte Gesichtshälfte. Das Spiegelbild gelangt also umgekehrt in dein Auge, und du siehst dich, wie dich andere Menschen sehen.

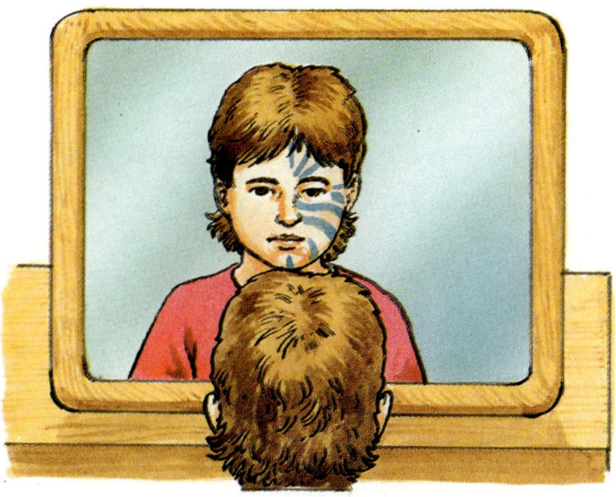

Wie viele Spiegelbilder?

Halte einen kleinen Spiegel vor einen großen Wandspiegel. Je eher du den kleinen Spiegel parallel zum großen hältst, um so mehr Spiegelbilder siehst du. Sie scheinen sich weit in die Tiefe zu erstrecken. Auf wie viele Spiegelbilder bringen wir es? Sind sie alle gleich groß?

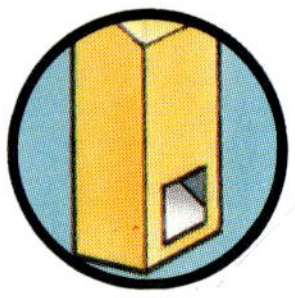

Wir basteln ein Periskop

Haben dir auch schon mal allzu viele Zuschauer eine gute Sicht unmöglich gemacht? Mit einem Periskop kannst du über deren Köpfe hinwegsehen. Damit kannst du auch um Ecken gucken oder über eine Mauer hinweg, ohne selbst gesehen zu werden.

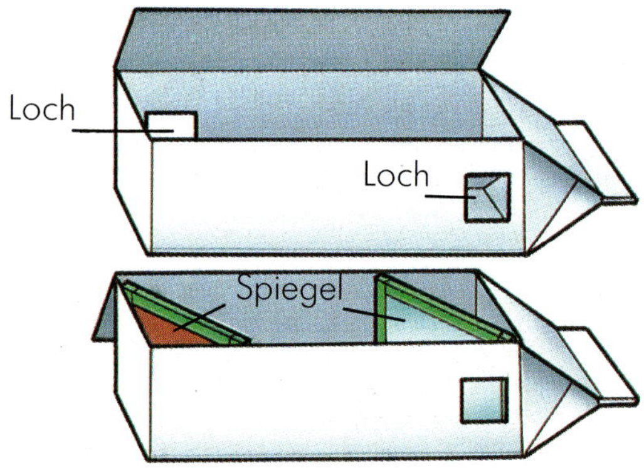

Material: Ein großer leerer Milch- oder Saftkarton, zwei kleine Spiegel, Klebeband, Schere.

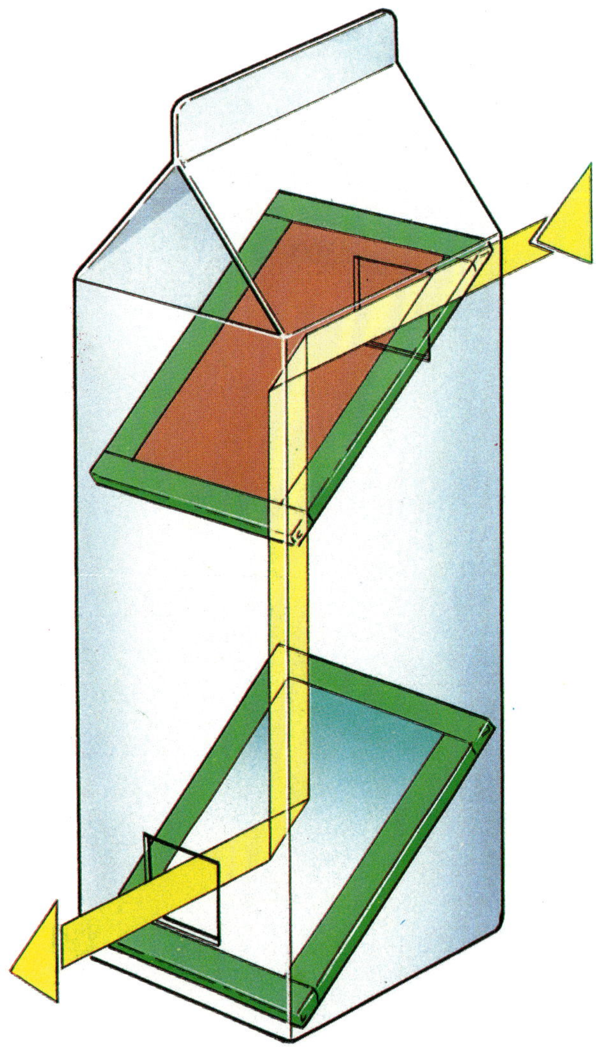

1. Auf einer Seite des Kartons schneidest du drei Kanten ein, so daß sich der Deckel abheben läßt.
2. Schneide zwei Löcher in die gegenüberliegenden Seiten des Kartons, wie in der Abbildung angegeben.
3. Im Innern des Kartons klebst du die Spiegel fest. Sie müssen im selben Winkel liegen.
4. Den Faltdeckel verklebst du wieder.
5. Halte das Periskop aufrecht und schaue auf den unteren Spiegel.

Was wirklich geschieht
Das Licht wird zweimal zurückgeworfen und gelangt dadurch in unser Auge.

Mit einem Periskop kann man über die Köpfe einer Zuschauermenge hinweg sehen.

Wir bauen ein Kaleidoskop

Das Wort »Kaleidoskop« stammt aus dem Griechischen und bedeutet wörtlich übersetzt »schöne Bilder zum Anschauen«. Mit einem Kaleidoskop kannst du eine Vielzahl prächtiger symmetrischer Muster sehen.

Material: Karton, Bleistift, Schere, schwarzes Papier oder ein dicker schwarzer Filzschreiber, Alufolie, Leim, durchsichtiger Kunststoff, Transparentpapier, Klebeband, kleine, buntgefärbte Gegenstände oder Perlen.

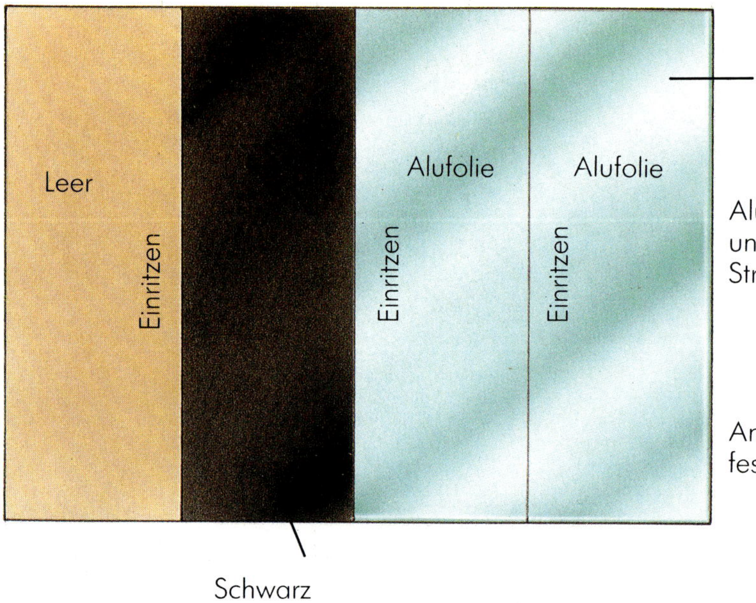

1. Schneide ein rechteckiges Stück Karton mit den Maßen 23 × 16 cm aus.
2. Mit dem Bleistift teilst du das Rechteck in vier gleiche große Streifen. Jeder sollte 4 cm breit sein.
3. Längs der Linien ritzt du den Karton mit einem Messer an, um ihn besser falten zu können.
4. Auf zwei dieser Streifen klebst du möglichst glatte Alufolie.
5. Den dritten Streifen beklebst du mit schwarzem Papier oder malst ihn schwarz an.
6. Den vierten Streifen läßt du leer.
7. Falte das Kaleidoskop zusammen und klebe den vierten Streifen am ersten fest.

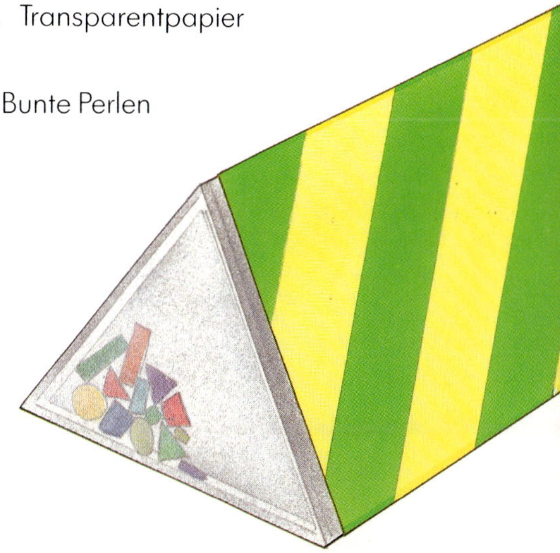

8. Über beide Enden des Kaleidoskop klebst du ein Stück durchsichtigen Kunststoff.
9. Lege die bunten Perlen über ein Stück Plastik und klebe darüber ein Stück Transparentpapier. Es muß genügend Platz vorhanden sein, damit sich die Perlen bewegen können.
10. Halte das Kaleidoskop gegen helles Licht.

Was wirklich geschieht
Das Licht wird im Innern des Kaleidoskops von der Alufolie mehrfach zurückgeworfen. Dadurch entstehen interessante Muster. Diese können wir verändern, wenn wir das Kaleidoskop etwas schütteln. Mit jeder neuen Anordnung der Perlen sehen wir auch neue Muster.

Gekrümmte Spiegel

In gekrümmten Spiegeln sehen die Gegenstände merkwürdig verzerrt aus. Sieh einmal dein Spiegelbild in der blanken Seite eines Kochtopfs an. Wie siehst du aus?

Versuche dasselbe mit einem Löffel. Die Unterseite des Löffels ist nach außen gewölbt. In einem solchen Wölbspiegel siehst du kleiner aus.

Was geschieht mit deinem Spiegelbild auf der Innenseite des Löffels?

▶ Die Oberfläche dieser Wölbspiegel ist nach außen gekrümmt. Wie verändert sich das Spiegelbild?

Sachwortverzeichnis

Fachliche Beratung: Robert Pressling
Gestaltung: Ben White
Herausgeber: Nicola Barber, Annabel Warburg
Umschlaggestaltung: Rudi Gill, München
Bildredaktion: Elaine Willis

Illustrationen:
Peter Bull (Piktogramme); Peter Dennis (Linda Rogers Associates): S. 22–27, 33; Kuo Kang Chen: S. 4/5, 12/13, 18/19, 28/29, 36/37; John Scorey: 6–11, 15, 16, 20, 30–31, 32, 34, 38.

Fotonachweis:
Michael Holford; Hutchison Library: S. 7, 17, 18, 21, 34; Spectrum: S. 39; ZEFA: S. 5, 30.

First published in 1990 by Kingfisher Books

Originaltitel: Fun with Simple Science. Shadows and Reflections.

Aus dem Englischen übersetzt von Dr. Marcus Würmli.

ISBN 3-517-01219-X
Printed in Spain.